Scientific importance of the F
Bromacker (Germany, Tamb
Lower Permian) - verteb

Wissenschaftliche Bedeutung der
Fossillagerstätte Bromacker (Deutschland,
Tambach-Formation, Unteres Perm) -
Wirbeltierfossilien

Scientific importance of the Fossillagerstätte Bromacker (Germany, Tambach Formation, Lower Permian) - vertebrate fossils

Wissenschaftliche Bedeutung der Fossillagerstätte Bromacker (Deutschland, Tambach-Formation, Unteres Perm) - Wirbeltierfossilien

Thomas Martens

in collaboration with

David S Berman, Amy C. Henrici and Stuart S. Sumida

Bibliografische Information der Deutschen Nationalbibliothek
Die Deutsche Nationalbibliothek verzeichnet diese Publikation in der
Deutschen Nationalbibliografie; detaillierte bibliografische Daten sind im Internet
über http://dnb.d-nb.de abrufbar.
1. Aufl. - Göttingen: Cuvillier, 2018

© CUVILLIER VERLAG, Göttingen 2018
    Nonnenstieg 8, 37075 Göttingen
    Telefon: 0551-54724-0
    Telefax: 0551-54724-21
    www.cuvillier.de

    ISBN 978-3-7369-9745-5
    eISBN 978-3-7369-8745-6

Content
(Inhalt)

Preamble

Our understanding of the evolution of the earliest amniotes during the time span 320 to 270 million years ago on the Pangaea supercontinent is known from only very restricted types of depositional environments, most of which are in North America. The fossil locality Bromacker (Fossillagerstätte Bromacker, Bromacker Quarry) in the Lower Permian Tambach Formation near Tambach-Dietharz, central Germany, has developed during the last 25 years to be the most important and productive fossil locality for Lower Permian, terrestrially adapted tetrapods outside USA. The Bromacker locality produces the best preserved terrestrial vertebrate fossils from the Lower Permian time period (about 290 million years ago).

Significantly, the locality provides the example of strictly terrestrial amniote ecosystem. The diversity of the fossils and the fact that they are all terrestrial animals (no fish or aquatic amphibians have been found in nearly thirty years of excavation) indicates that it represents the only fully documented example of an initial stage in the evolution of the modern terrestrial vertebrate ecosystem; that is, a trophic system or food chain in which herbivorous tetrapods dominated in diversity, abundance, and biomass in comparison to the apex predators, and thus, fulfilled the role as the major source of direct introduction of plant food into the animal food chain. Thus, the herbivores and carnivores coexisted in a natural community as early as the Lower Permian. Therefore, it is possibly the most important locality worldwide for our understanding of the paleontology and ecology of basal amniotes and their near relatives.

Einleitung

Unsere Erkenntnisse von der Evolution der frühen Amnioten während einer Zeitspanne von vor 320 bis 270 Millionen Jahren auf dem Superkontinent Pangäa sind nur von einer sehr begrenzten Anzahl von Fossilfundstellen bekannt. Die meisten davon liegen in Nordamerika. Die Fossilfundstätte Bromacker in der unterpermischen Tambach-Formation zwischen Georgenthal und Tambach-Dietharz (Zentral-Deutschland) hat sich während der letzten 25 Jahre zur bedeutendsten und produktivsten Fossillagerstätte für unterpermische, terrestrisch angepasste Tetrapoden außerhalb der USA entwickelt. Der Bromacker birgt die besterhaltenen, terrestrischen Wirbeltierfossilien aus dem Unteren Perm (etwa vor 290 Millionen Jahren).

Die Fundstätte liefert maßgeblich weltweit die bekanntesten Beispiele für eindeutig terrestrische Amnioten. Die Diversität der Fossilien und die Tatsache, dass sie alle terrestrische Tiere sind (keine Fische oder aquatische Amphibien wurden in nahezu 30 Jahren Ausgrabung gefunden), bedeutet, dass der Bromacker das einzige gut dokumentierte Beispiel eines frühen terrestrischen Ökosystems repräsentiert. Es zeigt uns, dass das Nebeneinander von Herbivoren und Carnivoren in einer natürlichen Gemeinschaft schon in der Zeit des Unteren Perm existierte. Deshalb ist er eines der bedeutendsten Lokalitäten weltweit für unser Verständnis der Paläontologie und Ökologie basaler Amnioten und ihrer näheren Verwandten.

1 Location of the Bromacker

The Bromacker locality is an active site of paleontological investigations, about 1,5 km north of the small town Tambach-Dietharz and about 20 km south of the town Gotha in the Thuringian Forest in central Germany. Around the area of the Bromacker are found active sandstone quarry of the TRACO Company, remains of former quarries that were active about 50 to 150 years ago and the quarry of our currently fossil site (fig. 1).

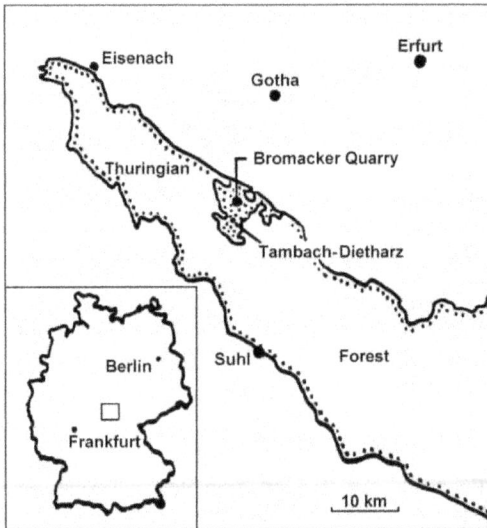

Fig. 1. Position of the Bromacker Quarry

1 Lage des Bromackers

Die Lokalität Bromacker, etwa 1,5 km nördlich der kleinen Stadt Tambach-Dietharz und etwa 20 km südlich der Stadt Gotha im Thüringer Wald, in Zentral-Deutschland gelegen, ist ein aktiver Ort paläontologischer Forschungen. Im Gebiet des Bromackers befinden sich ein aktiver Sandsteinbruch der Firma TRACO, Reste früherer Steinbrüche, die vor 50 - 150 Jahren aktiv waren und der Steinbruch unserer gegenwärtigen Fossilfundstätte (Abb. 1).

2 Excavation and research history of the Bromacker locality

The scientific history of the Lower Permian fossil locality Bromacker began about 125 years ago with the fossil collector Heinrich Friedrich Schäfer (1839-1930), who in 1887 discovered the first sandstone block with a tetrapod footprint that was used at a construction site in the city of Gotha. It was later realized that the fossil came originally from a sandstone quarry (Bromacker) near Tambach in the Thuringian Forest.

From about 1890 to 1908, Prof. Wilhelm Pabst, curator of the natural scientific collection of the Herzogliches Museum in Gotha became engaged in intensive collecting and description of the first tetrapod footprints from different Lower Permian fossil localities in the Thuringian Forest, especially from the locality Bromacker near Tambach. The Bromacker fossil collection of tetrapod footprints has grown in Gotha to more than 180 superbly preserved specimens (PABST 1895, 1908; VOIGT 2002).

Fig. 2. Prof. Wilhelm Pabst at the Bromacker quarry in 1895 (MARTENS 1994)

Later in the 1950s to the 1970s Prof. Hermann Schmidt (1892-1978), Göttingen, Prof. Arno Hermann Müller (1916-2004), Jena, and Prof. Hartmut Haubold (*1941), Halle, continued the study of the tetrapod footprints, as well as the invertebrate trace fossils from the Tambach Sandstone (SCHMIDT 1959; MÜLLER 1954, 1955; HAUBOLD 1971, 1972, 1973a, b).

With the discovery of the first vertebrate bone and additional invertebrate fossils (Conchostraca) at the Bromacker by the geologist Thomas Martens (*1952) in the summer of 1974, he began annual excavations in the fine, clastic, reddish brown siltstones above the Bromacker Sandstone (upper part of the Tambach Sandstone, MARTENS ET AL. 2009). From 1975 -1991 he discovered together with his father and various helpers the first skeletal evidence of a protorothyridid (1976, 1982), diadectid (1979), trematopid (1980) and *Seymouria* (1985) outside of North America. During this time Martens initiated contacts with vertebrate paleontology specialists in the USA and Germany. Prior to the political change (reunification of Germany) he published the results of his discoveries from the Bromacker (MARTENS 1975, 1980, 1982, 1988, 1989, 1990; MARTENS, SCHNEIDER & WALTER 1980; BOY & MARTENS 1991).

Fig. 3. First excavated bone at the Bromacker by Thomas Martens, summer 1974

Fig. 4. Excavation site in summer 1988, excavation area IV

In 1992 Martens was awarded a Museum Specialist Scholar grant by the Carnegie Museum of Natural History in Pittsburgh, Pennsylvania, USA, that paid all of his travel and per diem expenses for 6 months while in the USA to begin a collaborative research program with Dr. David S Berman (Curator, section of Vertebrate Paleontology) to study the Bromacker vertebrate fossils. Beginning in 1993 und until 2010 the Bromacker team, including paleontologists and volunteers from Canada, USA, Slovakia, and Germany, has had 18 very successful summer excavating seasons, each averaging about four weeks.

Important discoveries between 1993 and 2010 were the first completely articulated skeletons of a new species of herbivorous diadectid *Diadectes absitus* (1993, first record of genus outside of the USA), a new species and genus of bolosaurid reptile, *Eudibamus cursoris* (1993), two closely associated skeletons of *Seymouria sanjuanensis* (1997), locally referred to the "Tambach Lovers" (known otherwise only from the USA), a new genus and species of herbivorous diadectid, *Orobates pabsti* (1998), the sphenacodontid early mammal-like reptile *Dimetrodon teutonis* (1999, genus known otherwise only from the USA), two new genera and species of amphibian trematopids, *Tambachia trogallas* and *Rotaryus gothae* (members of the family otherwise known from the USA), the dissorophoid, *Georgenthalia clavinasica*, the varanopid synapsid, *Clavifalcatus carnifex*, and three skeletons of the oldest known, undescribed new species of herbivorous caseid synapsid. Additionally, Martens in 2008, discovered first fossils in the city of Tambach-Dietharz, the second site in the Tambach Formation to yield vertebrate fossils.

8

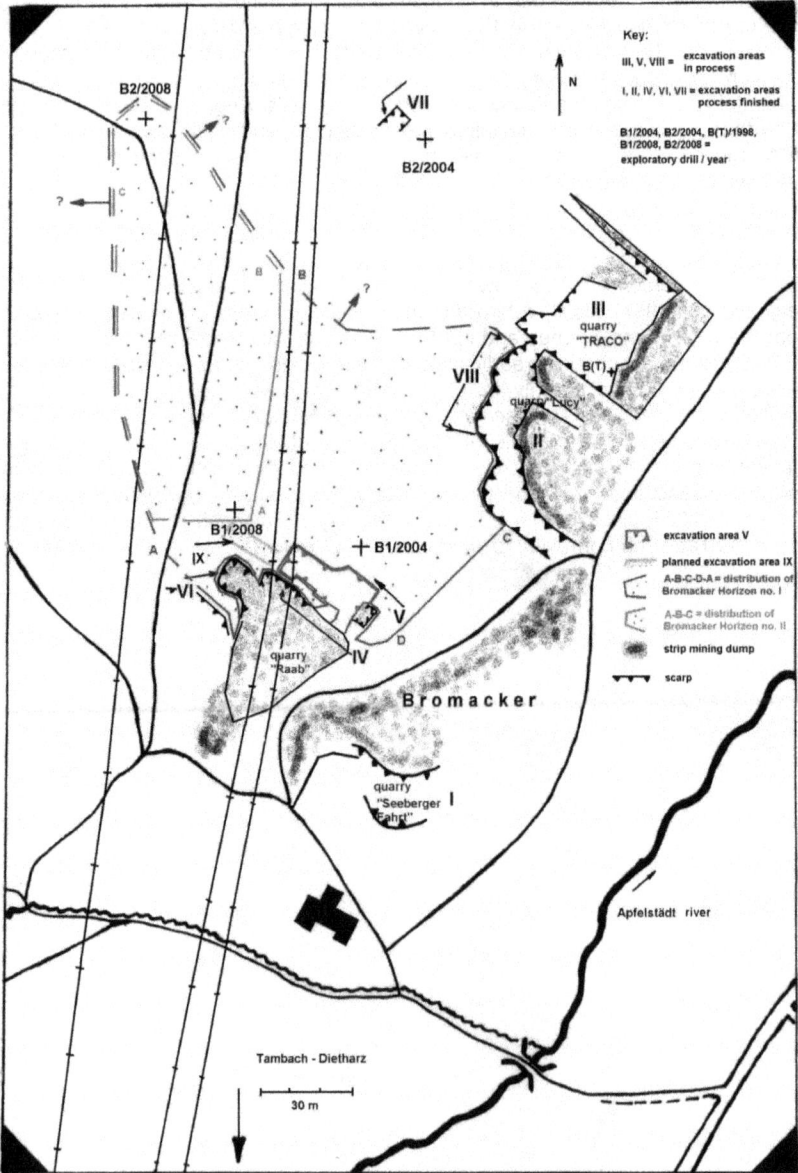

Fig. 5. Bromacker excavation map, 2010

2 Ausgrabungs- und Erforschungsgeschichte der Bromackerfundstätte

Die Erforschungsgeschichte der unterpermischen Fossilfundstätte Bromacker begann vor etwa 125 Jahren mit dem Fossilsammler Heinrich Friedrich Schäfer (1839-1930), der im Jahre 1887 die erste Sandsteinplatte mit Tetrapodenfährten, die als Überbrückung eines Chausseegrabens in Gotha genutzt wurde, entdeckte. Es wurde später herausgefunden, dass das Fossil ursprünglich aus einem Sandsteinbruch (Bromacker) nahe Tambach im Thüringer Wald stammte. Von etwa 1890 bis 1908 beschäftigte sich Prof. Wilhelm Pabst (1856-1908), Kustos der Naturwissenschaftlichen Sammlung des Herzoglichen Museums in Gotha, mit der intensiven Aufsammlung und Beschreibung der ersten Tetrapodenfährten von unterschiedlichen unterpermischen Fossilfundstellen im Thüringer Wald, speziell von der Lokalität Bromacker nahe Tambach. Die Bromacker-Fossilsammlung aus Tetrapodenfährten wuchs in Gotha auf mehr als 180 großartig erhaltenen Platten an (PABST 1985,1908; VOIGT 2002).

Später in den 1950ern bis 1970ern setzten Prof. Hermann Schmidt (1892-1978), Göttingen, Prof. Arno Hermann Müller (1916-2004), Jena und Prof. Hartmut Haubold (*1941), Halle die Studien der Tetrapodenfährten und der Invertebraten-Spurenfossilien des Tambach-Sandsteins fort. (SCHMIDT 1959; MÜLLER 1954, 1955; HAUBOLD 1971, 1972, 1973a, b).

Mit der Entdeckung des ersten Wirbeltierknochens und weiterer Invertebratenfossilien (Conchostraca) am Bromacker durch den jungen Geologen Thomas Martens (*1952) im Sommer 1974 begann dieser mit jährlichen Grabungen in den feinklastischen, rotbraunen Siltsteinen über dem Bromacker-Sandstein (oberer Teil des Tambach-Sandsteins, MARTENS et al. 2009).

Von 1975 bis 1991 entdeckte er mit seinem Vater und verschiedenen Helfern die ersten Skelette eines Protorothyrididen (1976, 1982), Diadectiden (1979), Trematopiden (1980) und von Seymouria (1985) außerhalb von Nordamerika. Während dieser Zeit initiierte Martens Kontakte mit Spezialisten der Wirbeltierpaläontologie in den USA und Deutschland. Vor dem politischen Wandel (Wiedervereinigung Deutschlands) publizierte er die Ergebnisse seiner Entdeckungen vom Bromacker (MARTENS 1975, 1980, 1982, 1988, 1989, 1990; MARTENS, SCHNEIDER & WALTER 1980; BOY & MARTENS 1991).

Im Jahre 1992 wurde Martens ein Stipendium für Museumsspezialisten vom Carnegie Museum of Natural History in Pittsburgh, Pennsylvania, USA zuerkannt, das alle seine Reise- und Tagesausgaben für 6 Monate finanzierte. Gleichzeitig startete in den USA ein gemeinschaftliches Forschungsprogramm mit Dr. David S Berman (Curator der Sektion Wirbeltierpaläontologie) zum Studium der Bromacker-Wirbeltierfossilien. Beginnend im Jahre 1993 und bis 2010 hat das Bromackerteam, bestehend aus den Paläontologen und freiwilligen Helfer aus Kanada, den USA, der Slowakei und Deutschland 18 Jahre sehr erfolgreiche Sommergrabungen, jede durchschnittlich etwa 4 Wochen lang, absolviert.

Bedeutende Entdeckungen zwischen 1993 und 2010 waren erste komplett artikulierte Skelette von einer neuen Art des herbivoren Diadectiden *Diadectes absitus* (1993, Erstnachweis der Gattung außerhalb der USA), eine neue Art und Gattung des bolosauriden Reptils *Eudibamus cursoris* (1993), zwei eng beieinander liegende Skelette von *Seymouria sanjuanensis* (1997), lokal bezeichnet als das „Tambacher Liebespaar" (bekannt ansonsten nur von den USA), eine neue Gattung und Art des herbivoren Diadectiden *Orobates pabsti* (1998), den Sphenacodontiden *Dimetrodon teutonis* (1999, Gattung ist ansonsten nur von den USA bekannt), zwei neue Gattungen und Arten der Trematopiden, *Tambachia trogallas* und *Rotaryus gothae*, der Dissorophoide *Georgenthalia clavinasica*, der varanopide Synapside *Clavifalcatus carnifex* und drei Skelette der ältesten bekannten, unbeschriebenen neuen Art eines herbivoren, caseiden Synapsiden. Außerdem entdeckte Martens im Jahre 2008 die ersten Fossilien im Zentrum von Tambach-Dietharz, die zweite Fundstelle in der Tambach-Formation, die Wirbeltierfossilien liefert.

Fig. 6. Bromacker, excavation site in summer 2009

Fig. 7. Bromacker, excavation site in summer 2010

3 Preservation, preparation, and ownership of the Bromacker fossils

The vertebrate fossils are extremely well preserved, have a white to bluish grey colored carbonate (calcite, aragonite) appearance, and are three-dimensional preserved with a natural deformation until 50 %. Many of the skeletons are complete and articulated skeletons, some in natural poses, and rarely with soft part impressions. Some taxa are uniquely represented by growth series.

About 85 % of the fossils were mechanical prepared during the past 25 years by Amy Henrici of the Carnegie Museum of Natural History, whereas about 10 % was done at the Museum der Natur Gotha with financial support from the DFG-projects since 1997 (Georg Sommer and Jerome Gores). Proper preparation of the fossils requires long periods of time, but it is relatively easy, because of the rock matrix is easy to remove due to a thin surface coating of a soft, green reduced matrix.

About 40 % of the Bromacker fossils are property of Stiftung Schloss Friedenstein Gotha, Museum der Natur (majority of tetrapod footprint and invertebrate fossils). All fossils, discovered after 1992 belong to the state of Thuringia, but incorporation into the paleontological collections of the Museum der Natur Gotha (Thuringian law for preservation of sites of historic interest 1992, 2004).

Fig. 8. Georg Sommer in the prep lab of the Museum of Nature in Gotha, 1999

3 Erhaltung, Präparation und Eigentum der Bromackerfossilien

Die Wirbeltierfossilien sind extrem gut erhalten. Sie haben ein weiß bis bläulich grau gefärbtes, karbonatisches Aussehen (Kalzit, Aragonit) und sind dreidimensional, mit einer natürlichen Deformation bis zu 50 % erhalten. Viele der Skelette sind komplette und artikulierte Skelette, einige in natürlicher Haltung und selten mit Weichkörper-Abdrücken. Einige Arten sind einzigartig repräsentiert durch Wachstums-Serien.

Etwa 85 % der Fossilien wurden während der zurückliegenden 25 Jahre von Amy Henrici am Carnegie Museum of Natural History mechanisch präpariert, hingegen nur etwa 10 % am Museum der Natur Gotha mit finanzieller Förderung durch DFG-Projekte seit 1997 (Georg Sommer und Jerome Gores). Eine sachgerechte Präparation der Fossilien erfordert einen großen Zeitaufwand. Sie ist aber relativ einfach, weil die Gesteinsmatrix wegen einer dünnen Oberflächen-Umhüllung mit einer weichen, grün reduzierten Matrix leicht zu entfernen ist.

Etwa 40 % der Bromackerfossilien sind Eigentum der Stiftung Schloss Friedenstein Gotha und des Museums der Natur (Mehrzahl der Tetrapodenfährten und Invertebratenfossilien, einige Skelette). Alle Fossilien, die nach 1992 entdeckt wurden, gehören dem Freistaat Thüringen, wurden aber eingegliedert in die paläontologische Sammlung des Museums der Natur Gotha (Thüringisches Denkmalschutzgesetz 1992, 2004).

Fig. 9. Carnegie Museum, Pittsburgh, PA, USA, 1992

Fig. 10. Amy C. Henrici in the prep lab of the Carnegie Museum of Natural History, Pittsburgh, 2000

Fig. 11. In 1992, David S Berman, curator of vertebrate paleontology, Carnegie Museum of Naural History Pittsburgh had the first idea of long-time cooperation with the Museum of Nature Gotha (Bromacker project since 1993): David S Berman at the Bromacker, excavation site in summer 2002

4 Scientific cooperation partners of the Bromacker project: 1990-2018
* = long time active cooperation partners
# (Wissenschaftliche Kooperationspartner des Bromackerprojektes: 1990-2018)
* = lange Zeit aktive Kooperationspartner

Prof. Jason S. Anderson:
University of Calgary, Faculty of Veterinary Medicine in Calgary, Kanada (vertebrate paleontologist, terrestrial amphibians) cooperation 2006-2008
Dr. David S Berman*:
Carnegie Museum of Natural History, Pittsburgh, PA, USA (vertebrate paleontologist, amniotes) excavation management and cooperation since 1992
Prof. Jürgen Boy:
Johannes Gutenberg-Universität Mainz, Germany (vertebrate paleontologist, aquatic amphibians) cooperation 1990-1991
Dr. Andrej Čerňanský*:
Comenius University, Bratislava, Slovakia Republic (zoologist, vertebrate paleontologist, aquatic amphibians and amniotes) cooperation 2000-2010
Dr. Werner Ernst:
Museum der Natur Gotha, Germany (palaeontologist, DFG) cooperation 1997-2001
Dr. Knuth Hahne:
Deutsches GeoForschungsZentrum Potsdam, Germany (geologist, geochemistry of the sediments) cooperation 2007-2010
Prof. Dr. Hartmut Haubold*:
Universität Halle-Wittenberg, Germany (vertebrate paleontologist, tetrapod footprints) cooperation since 1996
Amy C. Henrici*:
Carnegie Museum of Natural History, Pittsburgh, PA, USA (preparator, collection manager, vertebrate paleontologist, terrestrial tetrapods) cooperation since 1992
Dr. Richard A. Kissel:
University of Toronto, Canada (vertebrate palaeontologist) cooperation 1997-2002
Prof. Dr. Jozef Klembara*:
Comenius University, Bratislava, Slovakia Republic (zoologist, vertebrate paleontologist, aquatic amphibians) cooperation 2000-2010
Torsten Krause:
Museum der Natur Gotha, Germany (geologist, DFG) cooperation 2004-2007
Dr. Thomas Martens*:
Museum der Natur, Stiftung Schloss Friedenstein Gotha, Germany (paleontologist, invertebrates, trace fossils of vertebrates and invertebrates, inorganic sediment marks) excavation management and cooperation 1990-2015
Prof. Dr. Johannes Müller:
Museum für Naturkunde, Berlin, Germany (vertebrate paleontologist, amniotes) cooperation 2002-2006
Dr. John Nyakatura:
Friedrich Schiller-Universität Jena, Germany (biologist, the locomotor systems of recent and fossil vertebrates) cooperation 2010-2014
Prof. Robert R. Reisz*:
University of Toronto, Canada (vertebrate paleontologist, amniotes, Eupelycosauria) cooperation since 1996

Prof. Stuart S. Sumida*:
California State University, San Bernardino, CA, USA (vertebrate paleontologist, terrestrial amphibians, amniotes) cooperation since 1992
Dr. Sebastian Voigt:
Urweltmuseum GEOSKOP Burg Lichtenberg (Pfalz), Thallichtenberg, Germany (paleontologist, tetrapod footprints) cooperation 1999-2010
Dr. Ralf Werneburg:
Naturhistorisches Museum, Schleusingen, Germany (vertebrate paleontologist, aquatic amphibians) cooperation 2006-2007

Fig. 12. Team of excavation in summer 2009, from left to the right: Stuart S. Sumida, David S Berman, Susan Kämpf, Amy C. Henrici, Andrej Čerňanský, Horst Kämpf, Thomas Martens, in front: Jozef Klembara

5 Financial support for the Bromacker project: 1990-2018 (Finanzielle Unterstützung des Bromackerprojektes: 1990-2018)

DFG (German Science Foundation) project:	MA 1472/1-2	(1998-2001)
DFG project	MA 1472/3-4	(2004-2007)
DFG project	MA 1472/5-1	(2008-2009)
Graham Netting Fund, Carnegie Museum, Pittsburgh, USA		(1993-1999)
Preparation work at the Carnegie Museum, Pittsburgh, USA		(1992-2018)
National Geographic Society, USA		(1994-2003)
NATO grant, USA		(1995-1998)
O´Neil Field Fund, Carnegie Museum, Pittsburgh, USA		(1995-1998)
City administration Gotha (Museum der Natur Gotha)		(1990-2003)
Stiftung Schloss Friedenstein Gotha		(2004-2010)
„Museumslöwen"club to support the Museum der Natur Gotha		(2006-2010)
US-Konsulate Leipzig		(2005-2010)
Thüringer Landesamt für Archäologische Denkmalpflege, Weimar		(1993-2018)
Rotary Club Gotha		(2002-2010)
Volunteers		(1990-2018)

6 Public educational and media outreach of the Bromacker project

The annual excavations of Bromacker Quarry by our research team has since 1993 received a great amount public attention through popular articles in local, national, international news papers and television reports. For more than four weeks each year more than 500 tourists, mostly families with kids, have visited the Bromacker Quarry. Popular, semi-scientific, and scientific articles about the Bromacker research have been published in paleontology books, journals, and student textbooks. Pictures of Bromacker fossil have been used for book covers: MICHAEL BENTON: Vertebrate Paleontology, third edition, 2005 and MICHEL LAURIN: Systématique, paléontologie et biologie évolutive moderne, 2008. Several TV stations have reported on our successes, in discovering skeletons that are referred to by the popular name "Ursaurier" (= primary saurian).

Exhibitions in the Museum der Natur Gotha have explored the importance of the Bromacker project in demonstrating a global distribution pattern of many of its vertebrates and providing irrefutable evidence that during the Early Permian North America and Western Europe were a continuous land mass. This has been done with long-term exhibits such as „Ursaurier zwischen Thüringer Wald und Rocky Mountains"(1997-2010) and short-term exhibits that explain the Bromacker project and displayed many of its fossils. Undoubtedly the most popular of the Bromacker fossils exhibit has been the two complete, articulated skeletons of Seymouria sanjuanensis preserved cheek-to-cheek that were given the popular name "the Tambach Lovers" by visitors to the Museum der Natur. A display of casts of the most important Bromacker vertebrates has shown the Carnegie Museum of Natural History in Pittsburgh for several years.

Fig. 13. Diorama of Lower Permian time, 12 x 3,6 m, made by artist Jan Sovak, in 1996/1997, part of exhibition in the former "Museum der Natur", Gotha (1997 – 2010)

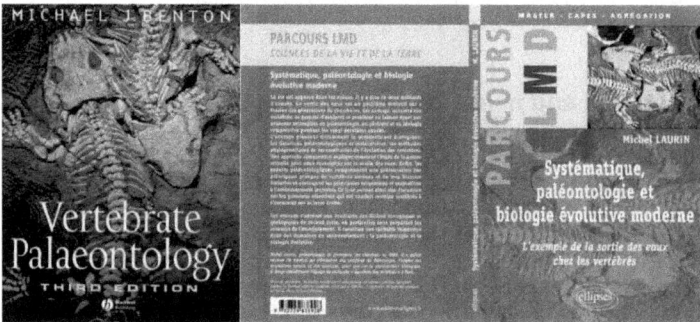

Fig. 14. Bromacker fossils have been used as book covers

Fig. 15. *Dimetrodon* model, part of the saurian trail and geopark between Georgenthal and Tambach-Dietharz

6 Populärwissenschaftliche und mediale Ausstrahlung des Bromacker-Projektes

Durch die jährlichen Ausgrabungen am Bromacker erhielt unser Forschungsteam seit 1993 eine beachtliche Menge öffentlicher Aufmerksamkeit durch populärwissenschaftliche Artikel in lokalen, nationalen und internationalen Zeitschriften und TV-Reportagen. Jedes Jahr besuchten an 4 Grabungswochen mehr als 500 Touristen, meist Familien mit Kindern, die Bromackerfundstelle. Populärwissenschaftliche und wissenschaftliche Beiträge über die Bromackerforschung wurden in paläontologischen Büchern, Fachjournalen und Lehrbüchern publiziert. Fotos von Bromackerfossilien hat man für Buchumschläge genutzt: MICHAEL BENTON: Vertebrate Paleontology, 3. Auflage, 2005 und MICHEL LAURIN: Systématique, paléontologie et biologie évolutive moderne, 2008. Verschiedene TV-Sender haben von unserer Arbeit, Skelette zu entdecken, berichtet und benutzten dabei den populären Namen „Ursaurier" (= ursprüngliche Saurier). Ausstellungen im Museum der Natur in Gotha haben die Bedeutung des Bromacker-Projektes durch die Darstellung der globalen Verbreitung seiner Wirbeltierfunde zum Ausdruck gebracht. Es wurde der unwiderlegbare Beweis geliefert, dass während des Unteren Perm Nordamerika und Westeuropa eine zusammenhängende Landmasse bildeten. Diese Erkenntnis wurde mittels der Dauerausstellung „Ursaurier zwischen Thüringer Wald und Rocky Mountains (1997-2010) und durch einige Sonderausstellungen vermittelt. Sie erklärten das Bromacker-Projekt und zeigten erstmals zahlreiche Fossilien der Fundstätte.
Zweifellos entsprechen dem populärsten Bromackerfossil zwei komplett artikulierte Skelette von *Seymouria sanjuanensis*. Sie sind „Wange an Wange" erhalten, weshalb von den Besuchern des Museums der Natur der populären Namen „Das Tambacher Liebespaar" vergeben wurde. Abgüsse der bedeutendsten Bromackerwirbeltiere präsentierte das Carnegie Museum of Natural History, Pittsburgh mehrere Jahre.

7 Future projects

1. Field work for the next digging seasons will involve continued excavation of the Bromacker Horizon no.1 at the Bromacker Quarry (area V) by an international Bromacker team, with the goals of expanding preliminary data documenting the uniqueness of the Bromacker vertebrate fauna and to find more complete skeletons of several taxa that are still poorly represented, most importantly the varanopid "pelycosaur" known by only a single, postcranial skeleton (future project with the Museum of Natural Science Berlin).
2. On the basis of discovery of the new fossil horizon (Bromacker Horizon no. II) that is traceable by core drilling in the top of the Bromacker Quarry as well as in the center of Tambach-Dietharz, an international team plans to explore this horizon throughout the Tambach-Dietharz – Finsterbergen area in the coming years.

7 Zukünftige Projekte

1. Die Feldarbeit beinhaltet in den kommenden Jahren die kontinuierliche Fortsetzung der Grabungen im Bromacker-Horizont Nr. I an der Bromackerfundstelle (V) durch ein internationales Team. Es verfolgt das Ziel, verstärkt Daten zu erhalten, die die Einzigartigkeit der Bromacker-Wirbeltierfauna dokumentieren und mehr komplette Skelette verschiedener Arten zu finden, die noch wenig nachgewiesen

sind. Vorrangig ist dies der Varanopide „Pelycosaurier", der durch ein einziges postcraniales Skelett bekannt ist (zukünftiges Projekt mit dem Museum für Naturkunde Berlin).
2. Nach der Entdeckung des neuen Fossilhorizontes (Bromacker-Horizont Nr. II), der sowohl durch eine Kernbohrung im Hangenden der Bromackerfundstelle, als auch im Zentrum von Tambach-Dietharz nachgewiesen wurde, plant das internationale Team, den Horizont im Gebiet zwischen Tambach-Dietharz und Finsterbergen in den kommenden Jahren zu erkunden.

8 Depositional setting of the Bromacker Fossillagerstätte

The Tambach Formation, approximately more than 200 m thick, is part of the terrestrial Lower Permian or Upper Rotliegend sequence in the Thuringian Forest, which consists of three units; in ascending order they are the Bielstein Conglomerate, Tambach Sandstone, and Finsterbergen Conglomerate. All three units consist of terrestrial fluvial redbeds (conglomerates, sandstones, silt- and claystones) deposited in a small intramontane basin as part of the Variscan orogeny. According to EBERTH et al. (2000), these units were deposited in an upland, internally drained basin, the Tambach Basin, that had an original aerial extent of about 200-300 km^2.
Most of the fossils are concentrated in the Bromacker Sandstone and the Bromacker Horizons in transition between the approximately 100 m thick Tambach Sandstone and the overlaying approximately 50 m thick Finsterbergen Conglomerate of the Tambach Formation. The lower fossil horizon at the Bromacker, the approximately 10 m thick Bromacker Sandstone contains the well-preserved tetrapod footprint fauna (HAUBOLD 1971, 1973b; VOIGT et al. 2007) and the majority of the invertebrate trace fossils and plants fossils (Haubold 1973a; MARTENS 1975, 1982). The overlaying fossil horizon, the approximately 1-6 m thick Bromacker Horizon no.I has yielded in the last 35 years of excavation over 50 complete or nearly complete skeletons of 12 species of a terrestrially adapted vertebrates and more than 6 species of insects and diplopods, as well as a high number of conchostraca (MARTENS 1983; MARTENS et al. 2009).
The fossils were deposited near in Tambach Basin center, which was dominated by an extensive area of low relief of sheetflood-derived alluvium with scattered, local, ephemeral lakes and ponds and streams. The climate was tropically warm year round with subseasonal to seasonal cycles of rainfall and drying with freezing during the winter nights (MARTENS 2007). Stream channels resulting from brief flooding events created the Bromacker Sandstone containing mud cracks and trace fossils. The paleoenvironmental pictures of the Tambach Basin explain the absence to date of fish and aquatic amphibian fossils. The depositional setting also indicates that the Bromacker vertebrate fauna consisted solely of individuals living within the Tambach Basin, and thus represents one of the few, if any, examples of a purely autochthonous Lower Permian vertebrate assemblage.

21

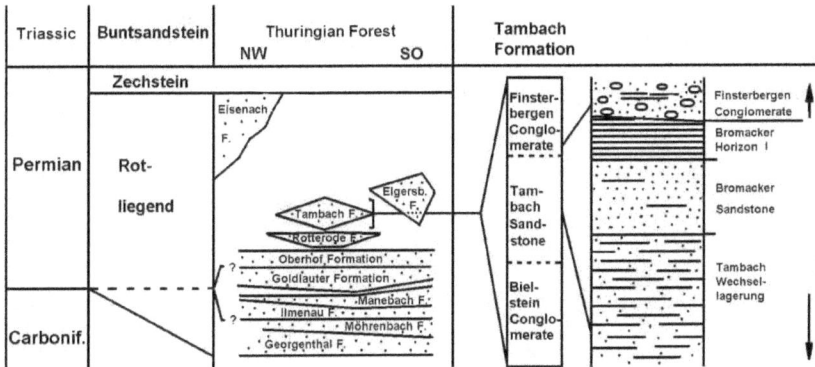

Fig. 16. Position of the Tambach Formation in the Rotliegend of Thuringian Forest

8 Ablagerungsbedingungen der Bromacker Fossillagerstätte.

Die Tambach-Formation mit einer Mächtigkeit von mehr als 200 m, als Teil der terrestrischen Unterperm- oder Oberrotliegend-Abfolge im Thüringer Wald, beinhaltet drei Einheiten, welche in aufsteigender Reihenfolge das Bielstein-Konglomerat, den Tambach-Sandstein und das Finsterbergen-Konglomerat ausmachen. Alle drei Einheiten bestehen aus terrestrischen, fluviatilen Redbeds (Konglomerate, Sandsteine, Silt- und Tonsteine), die in einem kleinen intramontanen Becken als Teil des Variszischen Orogens abgelagert wurden. Nach EBERTH et al. (2000) wurden diese Einheiten in einem intern entwässerten Hochlandbecken, dem Tambach-Becken, abgelagert, dass eine ursprüngliche Ausdehnung von 200 bis 300 km² hatte. Die meisten Fossilien sind im Bromacker-Sandstein und in den Bromacker-Horizonten im Übergang zwischen dem etwa 100 m mächtigen Tambach-Sandstein und dem darüber liegenden etwa 50 m mächtigen Finsterbergen-Konglomerat der Tambach-Formation konzentriert. Der untere Fossilhorizont am Bromacker, der etwa 10 m mächtige Bromacker-Sandstein führt die gut erhaltene Tetrapodenfährten-Fauna (HAUBOLD 1971, 1973b; VOIGT et al. 2007) und die charakteristischen Invertebraten-Spurenfossilien und Pflanzen (HAUBOLD 1973a; MARTENS 1975, 1982). Der hangende Fossilhorizont, der etwa 1-6 m mächtige Bromacker-Horizont Nr. I lieferte in den zurückliegenden 35 Grabungsjahren über 50 komplette oder nahezu komplette Skelette von 12 Arten einer terrestrisch angepassten Wirbeltierfauna und mehr als 6 Arten von Insekten und Diplopoden, dazu auch eine hohe Zahl an Conchostraken (MARTENS 1983; MARTENS et al. 2009).
Die Fossilien wurden nahe dem Zentrum des Tambach-Beckens angereichert. In einer ausgedehnten Landschaft mit flachem Relief und einem von Schichtfluten geformten Alluvium, existierten vereinzelte lokale, kurzlebige Seen oder Tümpel mit temporären Wasserläufen. Das Klima war das ganze Jahr tropisch warm mit jahreszeitlichen Zyklen von Niederschlag und Austrocknung mit Frost in den Winternächten (MARTENS et al. 2007). Fließrinnen resultierten von kurzen Flutereignissen, die den Bromacker-Sandstein bildeten, welcher Trockenrisse und Spurenfossilien enthält. Der paläoökologische Charakter des Tambach-Beckens wird geprägt durch das Fehlen des Nachweises von Fischen und aquatischen Amphibien.

Die Ablagerungsbedingungen weisen ebenso darauf hin, dass die Bromacker-Wirbeltierfauna aus Individuen bestand, die ausschließlich innerhalb des Tambach-Beckens lebten und folglich eine der wenigen Beispiele einer reinen, autochthonen Unterperm - Wirbeltiervergesellschaftung darstellen.

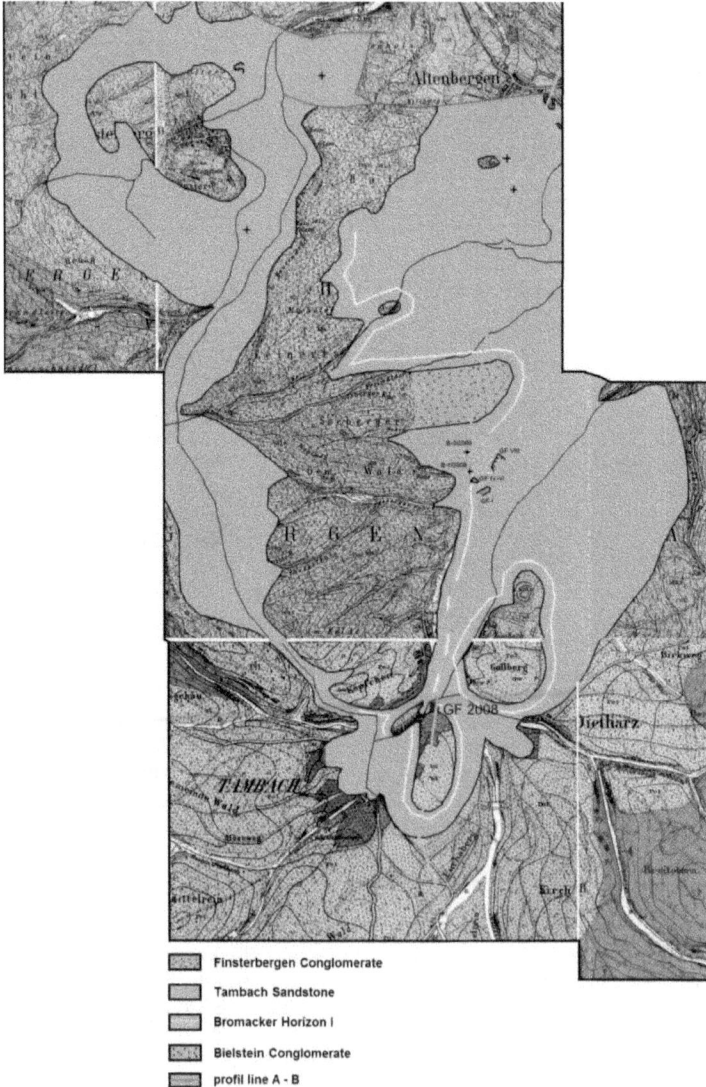

Legend:
- Finsterbergen Conglomerate
- Tambach Sandstone
- Bromacker Horizon I
- Bielstein Conglomerate
- profil line A - B

Fig. 17. Geological map of the area around the Bromacker locality, Thuringian Forest, changed after ZIMMERMANN 1914

9 Paleoecology of Bromacker locality

The Bromacker vertebrate fossil assemblage is strikingly unique in comparison to those of the highly fossiliferous, wide-spread Early Permian deposits of the USA in the total absence of aquatic and semi-terrestrial forms, the greatly reduced abundance and diversity of primitive basal synapsids ("pelycosaurs") that fulfilled the role of top predators, and the high abundance and diversity of the herbivorous taxa. That is, the composition of the vertebrate assemblage of the Bromacker and the relative abundances of its taxa are difficult to reconcile with current knowledge of the well-documented examples of the Early Permian mixed terrestrial-aquatic ecosystem in the USA. The explanation given here for these unique features is that the vertebrate inhabitants of the upland terrestrial setting of the Tambach Basin document a unique Early Permian ecosystem, which we hypothesize represents an initial stage in the development of the modern terrestrial ecosystem, the few possible examples of which are poorly documented.

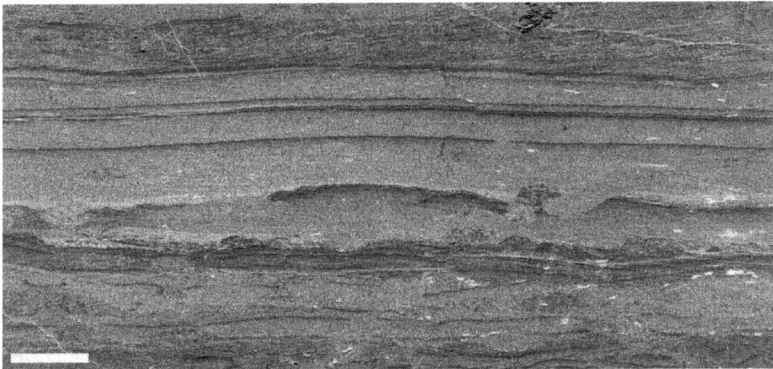

Fig. 18. Siltstone with thin clay layers as lamination, scale = 1 mm

9 Paläoökologie der Bromacker Fundstelle

Die Bromacker Wirbeltierfossil-Vergesellschaftung ist auffallend einzigartig im Vergleich zu jenen sehr fossilhaltigen, weit verbreiteten Unterperm Fundstätte der USA wegen der totalen Abwesenheit aquatischer und semi-terrestrischer Formen, der außerordentlich verminderten Häufigkeit und Vielfalt von primitiven Synapsiden („Pelycosaurier") die die Funktion der Spitzenprädatoren erfüllten und der großen Häufigkeit und Vielfalt der herbivoren Arten.

Somit ist die Zusammensetzung der Wirbeltiervergesellschaftung des Bromackers und die relative Häufigkeit von seinen Arten schwierig mit dem aktuellen Kenntnisstand der gut dokumentierten Beispiele eines unterpermischen, gemischten, terrestrisch-aquatischen Ökosystems in den USA in Einklang zu bringen.

Eine Begründung, die hier für diese einzigartigen Eigenschaften gegeben wird, ist, dass die Wirbeltier-Bewohner des Hochland-Umfeldes des Tambach-Beckens ein einzigartiges Ökosystem dokumentieren, bei dem wir vermuten, dass es ein Anfangsstadium in der Entwicklung eines modernen terrestrischen Ökosystems repräsentiert. Es gehört zu den wenigen Beispielen, die noch unzureichend dokumentiert sind.

10 Age of the fossils

The terrestrial Tambach Formation was deposited as the lower part of the Upper Rotliegend in the Thuringian Forest Basin representing and indicates an age of the lower part of the Lower Permian (Asselian – Sakmarian). Because of the absence of volcanic rocks and tuff layers in the Tambach Formation a radiometrical date isn´t possible.

After discovering of the vertebrate fossil *Seymouria sanjuanensis* at the Bromacker locality the age of the fauna seems to be Wolfcampian as correlated with the type Lower Permian terrestrial stratigraphic section of Texas (SUMIDA et al. 1996). In addition, the primitive evolutionary stages of the Bromacker *Diadectes, Dimetrodon,* and caseid indicates to us that the Bromacker fauna most be equivalent to the oldest known faunal elements of the Lower Permian Wolfcampian age of the Wichita Group in northern Texas (MARTENS 2012, Fig. 19).

However, this correlation is still not firm. On the basis of the recently discovered tetrapods in the nearby town of Tambach-Dietharz, about 1,5 km from the Bromacker Quarry, Martens has determined that the fossiliferous horizon in which they preserved is part of the lowermost Finsterbergen Conglomerate, and thus are slightly younger than those at the Bromacker Quarry (HENRICI 2011,*Tambaroter carrolli* and a diadectid).

10 Alter der Fossilien

Die terrestrische Tambach-Formation wurde als unterer Teil des Oberrotliegend im Thüringer Wald – Becken abgelagert und zeigt ein tief-unterpermisches Alter (Asselian – Sakmarian) an. Wegen des Fehlens von vulkanischen Gesteinen und Tuffschichten in der Tambach-Formation sind radiometrische Datierungen nicht möglich.

Nach der Entdeckung des Wirbeltierfossils *Seymouria sanjuanensis* an der Bromackerfundstätte scheint das Alter der Fauna dem Wolfcampian in Korrelation mit dem typischen unterpermischen, terrestrischen Bereich von Texas zu entsprechen (SUMIDA et al. 1996). Außerdem sind die primitiven evolutionären Stadien der Bromackerfossilien *Diadectes, Dimetrodon* und Caseiden Anzeichen für uns, dass die Bromackerfauna ein Äquivalent zu den ältesten bekannten Faunenelementen des unterpermischen Wolfcampian-Alters der Wichita-Group im nördlichen Texas ist (MARTENS 2012, Fig. 19).

Wie auch immer, diese Korrelation ist noch nicht verbindlich. Auf der Grundlage aktuell entdeckter Tetrapoden in der benachbarten Stadt Tambach-Dietharz, etwa 1,5 km vom Bromacker entfernt, hat Martens ermittelt, dass der fossilhaltige Horizont, in dem sie vorkommen, ein Teil des Unteren Finsterbergen-Konglomerates darstellt und folglich geringfügig jünger als die Fossilien von der Bromackerfundstätte sind. (HENRICI e al. 2011,*Tambaroter carrolli* und ein Diadectid).

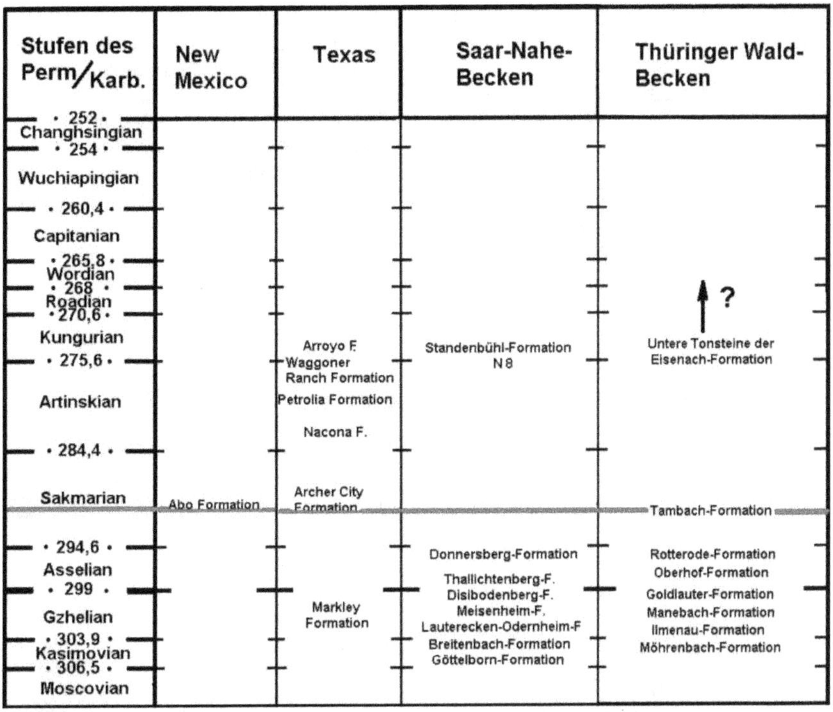

Stufen des Perm/Karb.	New Mexico	Texas	Saar-Nahe-Becken	Thüringer Wald-Becken
• 252 •				
Changhsingian				
• 254 •				
Wuchiapingian				
• 260,4 •				
Capitanian				
• 265,8 •				
Wordian				
• 268 •				↑ ?
Roadian				
• 270,6 •				
Kungurian		Arroyo F.	Standenbühl-Formation	Untere Tonsteine der
		Waggoner	N 8	Eisenach-Formation
• 275,6 •		Ranch Formation		
Artinskian		Petrolia Formation		
		Nacona F.		
• 284,4 •				
Sakmarian	Abo Formation	Archer City Formation		Tambach-Formation
• 294,6 •			Donnersberg-Formation	Rotterode-Formation
Asselian			Thallichtenberg-F.	Oberhof-Formation
• 299 •			Disibodenberg-F.	Goldlauter-Formation
Gzhelian		Markley	Meisenheim-F.	Manebach-Formation
		Formation	Lauterecken-Odernheim-F	Ilmenau-Formation
• 303,9 •			Breitenbach-Formation	Möhrenbach-Formation
Kasimovian			Göttelborn-Formation	
• 306,5 •				
Moscovian				

Fig. 19: Biostratigraphical correlation of the Tambach Formation (MARTENS 2012)

11 Bromacker vertebrate fauna

The Bromacker locality has long been known for its superb tetrapod trackways (PABST 1895, 1908; MÜLLER 1954, 1955; HAUBOLD 1971, 1973a, 1998; VOIGT et al. 2007).
The international scientific Bromacker team has published during last 20 years over 20 peer-reviewed papers in high-profile journals and 24 abstracts presented at international scientific meetings describing the geology of the Tambach Basin and its vertebrate fossils. During this time the team uncovered an area of about 500 m² of the Bromacker Horizon no. I, which is about 5 % of the fossil-bearing horizon (ANDERSON et al. 2008; BERMAN & MARTENS 1993; BERMAN et al. 1998, 2000a, b, 2001, 2004a, b, 2011, 2014; BOY & MARTENS 1991; MARTENS 1990; MÜLLER et al. 2006; SUMIDA et al 1998). In addition to publications on new taxa, members of the team have also produced a series of papers describing the ontogeny of *Seymouria sanjuanensis* (KLEMBARA et al., 2001, 2005, 2007) based on Bromacker specimens. Of the approximately 50 or more partial-to-complete skeletons from the Bromacker, about 80 % were collected since 1993. The Bromacker is the first Paleozoic fossil site where it is possible to associate firmly tracks with their track-making vertebrates (VOIGT et al. 2007).
In 2008 the vertebrate fossils were discovered from a new site in the city of Tambach-Dietharz, which indicates we have not fully realized the full fossiliferous

potential of the Bromacker area. From this site we recovered a partial skeleton of a diadectid, most likely Diadectes absitus, a common component of the Bromacker fauna, and a new ostodolepid microsaur amphibian, the first ostodolepid to be recorded from outside the USA (HENRICI et al. 2011).

The Bromacker vertebrate fauna is unique it lacking an aquatic-to-semi aquatic component, and instead is represented by a high number and variety of herbivores and a low number of apex predators, documenting for the first the existence of an early evolution stage of a modern terrestrial ecosystem. It is derived from a unique, upland terrestrial habitat that includes a variety of small to medium-sized highly terrestrial amphibians, basal amniotes, and reptiles that includes the following taxa:

AMPHIBIA (ANAMNIOTA)
LEPOSPONDYLI
MICROSAURIA
Family OSTODOLEPIDAE
Tambaroter carrolli Henrici et al., 2011, gen. & sp.
TEMNOSPONDYLI
DISSOROPHOIDEA
Family TREMATOPIDAE
Tambachia trogallas Sumida et al., 1998, n. gen. & sp.
Rotaryus gothae Berman et al., 2011, n. gen. & sp.
Family DISSOROPHIDAE
Undescribed new species
Family Amphibamidae
Georgenthalia clavinasica Anderson et al., 2008, n. gen. & sp.
SEYMOURIAMORPHA
Family Seymouridae
Seymouria sanjuanensis Vaughn, 1966 (Berman & Martens, 1993; Berman et. al., 2000a)
DIADECTOMORPHA
Family DIADECTIDAE
Diadectes absitus Berman et al., 1998, n. sp.
Orobates pabsti Berman et al., 2004a, n. gen. & sp.
REPTILIA (AMNIOTA)
CAPTORHINOMORPHA
Family PROTOROTHYRIDIDAE
Thuringothyris mahlendorffae Boy & Martens,, 1991, n. gen. & sp.
PARAREPTILIA
Family BOLOSAURIDAE
Eudibamus cursoris Berman et al., 2000b, n. gen. & sp.
SYNAPSIDA
CASEASAURIA
Family CASEIDAE
Undescribed new species
EUPELYCOSAURIA
Family SPHENACODONTIDAE
Dimetrodon teutonis Berman et al., 2001, n. sp. (Berman et al. 2004)
Family VARANOPSEIDAE
Tambacarnifex unguifalcatus Berman et al., 2014, n. gen. & sp

Table I. Preliminary minimum number of individual counts of Bromacker taxa. Inferred herbivorous, insectivorous, and carnivorous feeding habits indicated by H, I, and C, respectively. Taxa are divided into three size-range categories, small (S), medium (M), and large (L), based on maximum snout-vent lengths (see table II).

Tabelle I. Vorläufige Mindestanzahl der Individuen von Bromackerarten. Vermutete herbivore, insectivore und carnivore Ernährungsgewohnheiten werden durch H, I und C angezeigt. Die Taxa werden in drei Größenkategorien aufgeteilt, klein (K) mittel (M) und groß (G), basierend auf dem Maximum der Kopf-Rumpf-Länge (siehe Tabelle II).

Bromacker Vertebrate Taxa	minimum number of individuals
Tambachia trogallas (trematopid amphibian) (I/C) (M)	1
Rotaryus gothae (trematopid amphibian) (I/C) (M)	1
New, undescribed dissorophid amphibians (I) (S)	2
Seymouria sanjuanensis (seymouriamorph amphibian) (I/C) (M)	4
Georgenthalia clavinasica (amphibamid amphibian) (I) (S)	1
Diadectes absitus (diadectomorph, reptile) (H) (L)	13
Orobates pabsti (diadectomorph, reptile) (H) (L)	5
Thuringothyris mahlendorffae (captorhinid reptile) (I) (S)	10
Eudibamus cursoris (bolosaurid reptile) (H) (S)	2
Dimetrodon teutonis (synapsid reptile) (C) (L)	2
A currently being undescribed new caseid (synapsid reptile) (H) (L)	4
Tambacarnifex unguifalcatus (varanopseid, synapsid reptile) (C) (L)	1

Table II. Size categories of Bromacker taxa based on maximum snout-vent lengths.

Tabelle II. Größenverhältnisse der Bromacker-Arten, basierend auf dem Maximum der Kopf-Rumpf-Längen

Small (8-13 cm):
Thuringothyris	..8.0 cm
Eudibamus	10.5 cm
New dissorophid	13.0 cm
Georgenthalia	..8.0 cm
Rotaryus	13.0 cm

Medium (25-35 cm):
Tambachia	28.0 cm
Caseid	30.0 cm
Seymouria	35.0 cm

Large (50-60 cm):
Orobates	53.0 cm
Dimetrodon	55.0 cm
Diadectes	55.0 cm
Clavifalcatus	50-60 cm

11 Bromacker Wirbeltierfauna

Die Bromackerfundstätte war lange für ihre hervorragenden Tetrapodenfährten bekannt (PABST 1895, 1908; MÜLLER 1954, 1955; HAUBOLD 1971, 1973a, b, 1998; VOIGT 2002, 2005; VOIGT et al. 2007).

Das internationale, wissenschaftliche Bromackerteam hat während der letzten 25 Jahre über 20 begutachtete Publikationen in prominenten Journalen und 24 Abstracs zu internationalen wissenschaftlichen Konferenzen präsentiert, die die Geologie und die Wirbeltierfossilien des Tambach-Beckens beschreiben. Während dieser Zeit hat das Team ein Gebiet von etwa 500 m² des Bromacker Horizontes Nr. I freigelegt, welches etwa 5 % der Fläche des fossilhaltigen Horizontes entspricht (ANDERSON et al. 2008; BERMAN & MARTENS 1993; BERMAN et al. 1998, 2000a, b, 2001, 2004a, b; BOY & MARTENS 1991; MARTENS 1990; MÜLLER et al. 2006; SUMIDA et al. 1998). In Ergänzung zu Publikationen neuer Arten haben Mitglieder des Teams eine Serie von Publikationen veröffentlicht, die die Ontogenie von *Seymouria sanjuanensis* beschreiben (KLEMBARA et al., 2005, 2006, 2007), basierend auf den Bromackerfunden. Von den etwa 50 Teil- oder Komplettskeletten vom Bromacker wurden etwa 80 % seit 1993 gesammelt. Der Bromacker ist die erste paläozoische Fossilfundstätte, in der es möglich ist, eine direkte Verbindung zwischen Fußspuren und den sie erzeugenden Wirbeltieren herzustellen (VOIGT et al. 2007).

Im Jahre 2008 wurden Wirbeltierfossilien von einer neuen Fundstelle im Zentrum von Tambach-Dietharz entdeckt, welche anzeigt, dass wir noch nicht das gesamte fossile Potential des Bromackergebietes erkannt haben. In dieser Fundstelle fanden wir wieder ein Teilskelet von einem Diadectiden, höchst wahrscheinlich von *Diadectes absitus* - eine verbreitete Komponente der Bromackerfauna und ein neues Mikrosaurier-Amphib, den ersten Ostodolepiden, der von außerhalb der USA beschrieben wurde (HENRICI et al. 2011).

Die Bromacker Wirbeltierfauna ist einzigartig im Fehlen einer aquatischen bis semiaquatischen Komponente und stattdessen wird sie charakterisiert durch eine hohe Zahl und Varietät von Herbivoren und eine niedrige Zahl von Spitzenprädatoren. Die Fauna dokumentiert die erste Existenz eines frühen Evolutionsstadiums eines modernen terrestrischen Ökosystems. Es bildete sich in einem einzigartigen, terrestrischen Hochland-Lebensraum, der eine Vielfalt von kleinen und mittelgroßen, höchst terrestrischen Amphibien, basalen Amnioten und Reptilien beinhaltet.

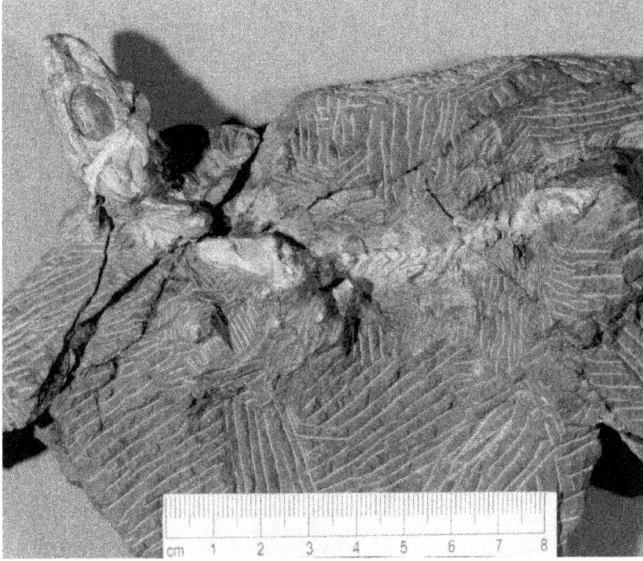

Fig. 20. Dissorophid, undescribed new species, MNG-12392

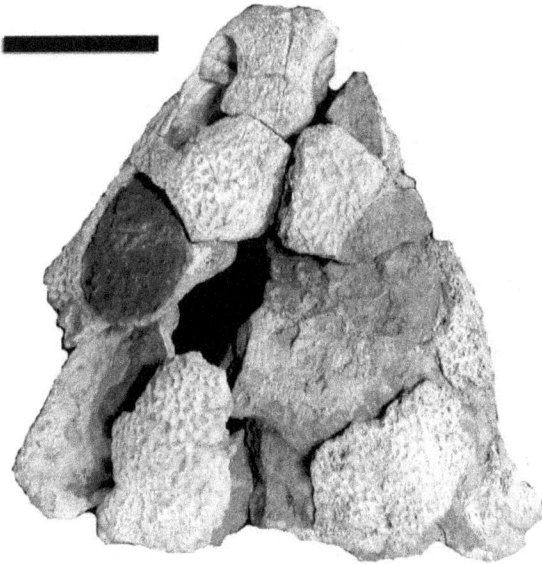

Fig. 21. *Tambachia trogallas* Sumida et al., 1998, skull of holotype, MNG-7722, scale = 2 cm

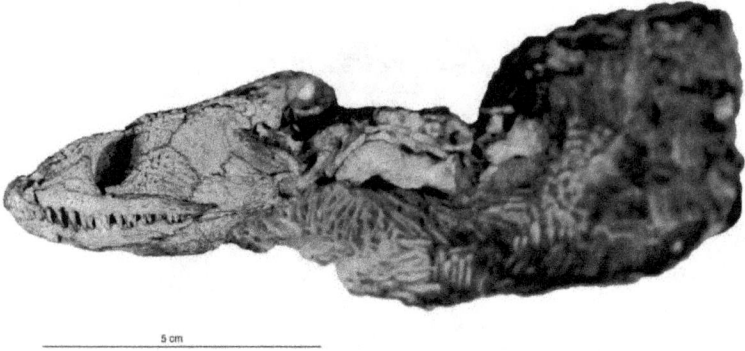

Fig. 22. *Rotaryus gothae* Berman et al., 2011, holotype, MNG-10182, scale = 5 cm

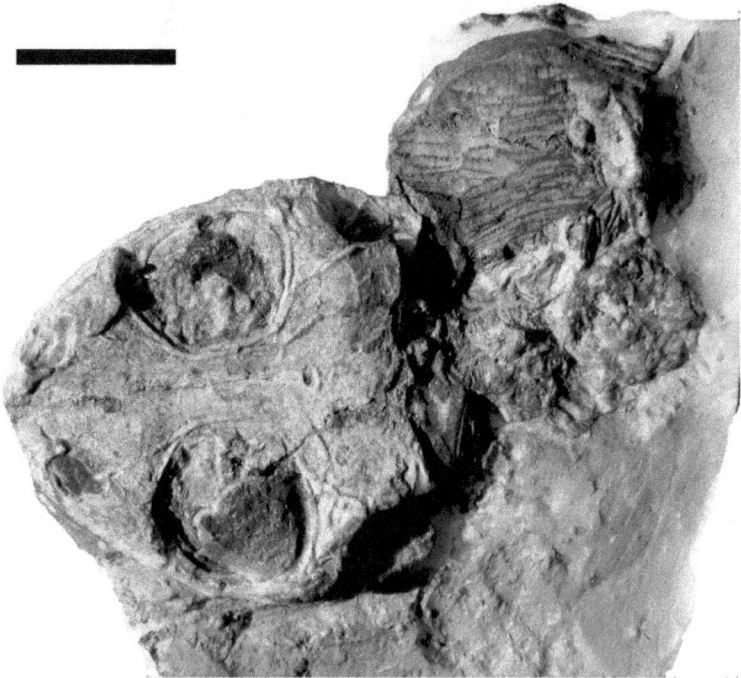

Fig. 23. *Georgenthalia clavinasica* Anderson et al., 2008, holotype, MNG-11135, scale = 1 cm

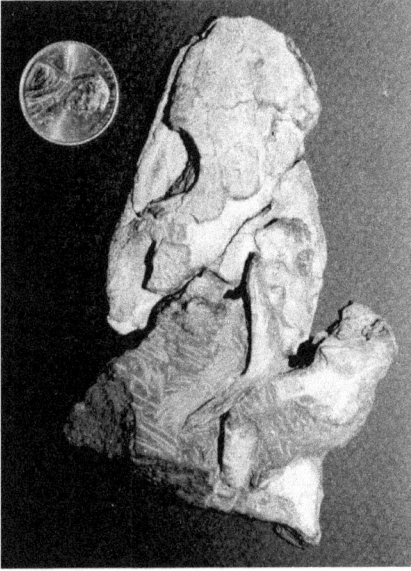

Fig. 24. *Seymouria sanjuanensis* Vaughn, 1966, MNG-7727, skull first excavated by digging party 1985

Fig. 25. *Seymouria sanjuanensis* Vaughn, 1966, MNG-13434, scale = 10 mm

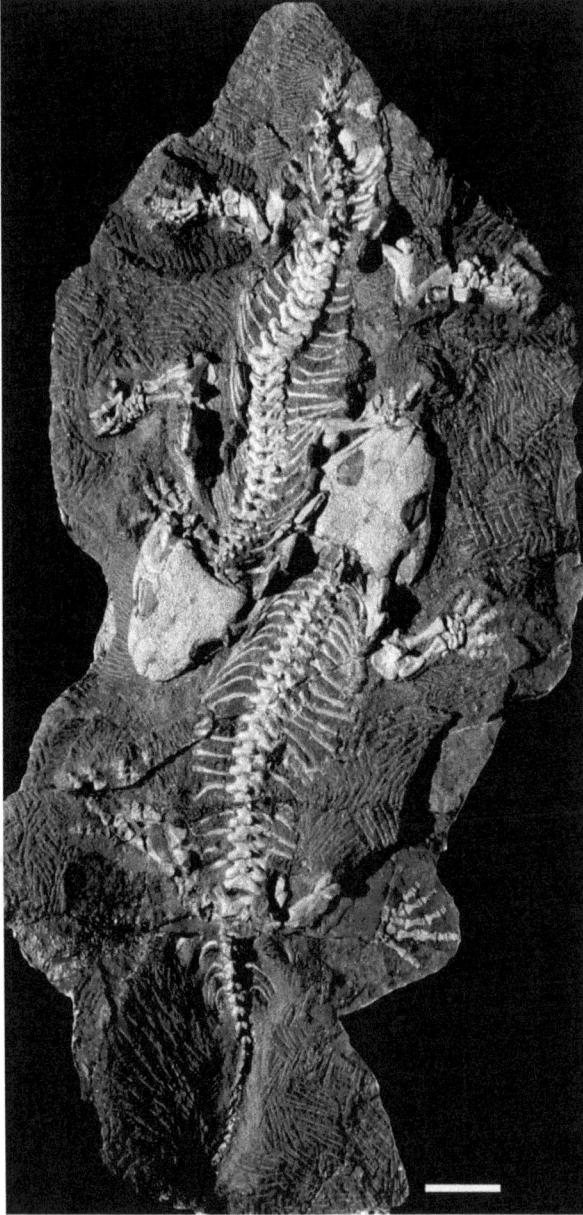

Fig. 26. *Seymouria sanjuanensis* Vaughn, 1966, MNG-10553 + 10554, scale = 5 cm

Fig. 27. *Diadectes absitus* Berman et al., 1998, holotype, MNG-8853, scale = 10 cm

Fig. 28. *Diadectes absitus* Berman et al., 1998, paratype, MNG-8747, skull in dorsal view

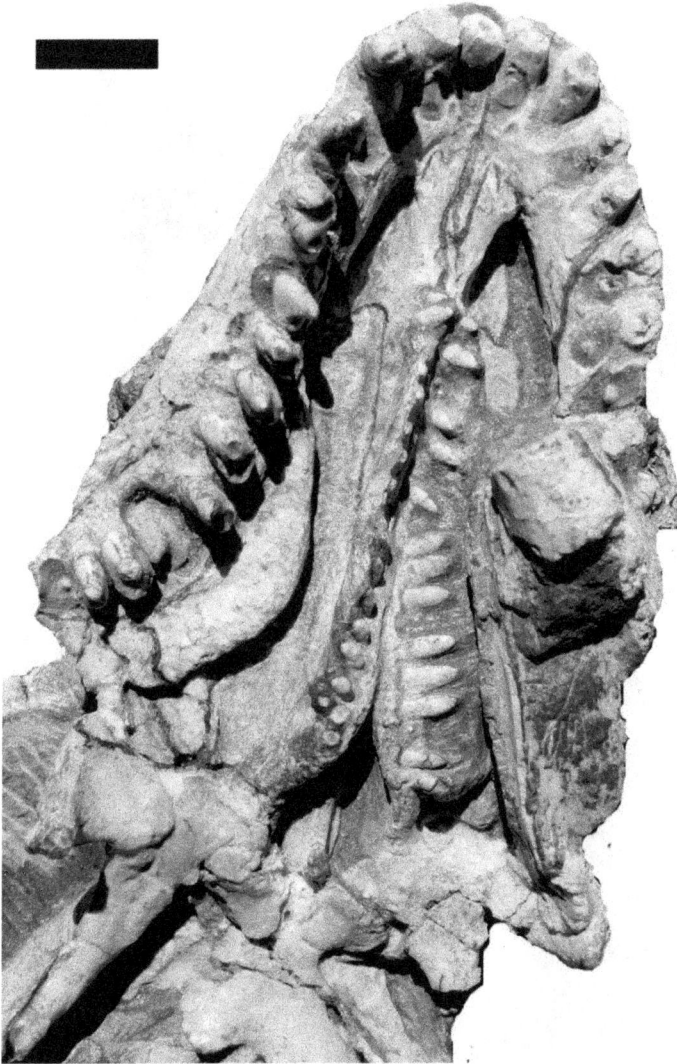

Fig. 29. *Diadectes absitus* Berman et al., 1998, papartype, MNG-8747, skull in ventral view, scale = 2 cm

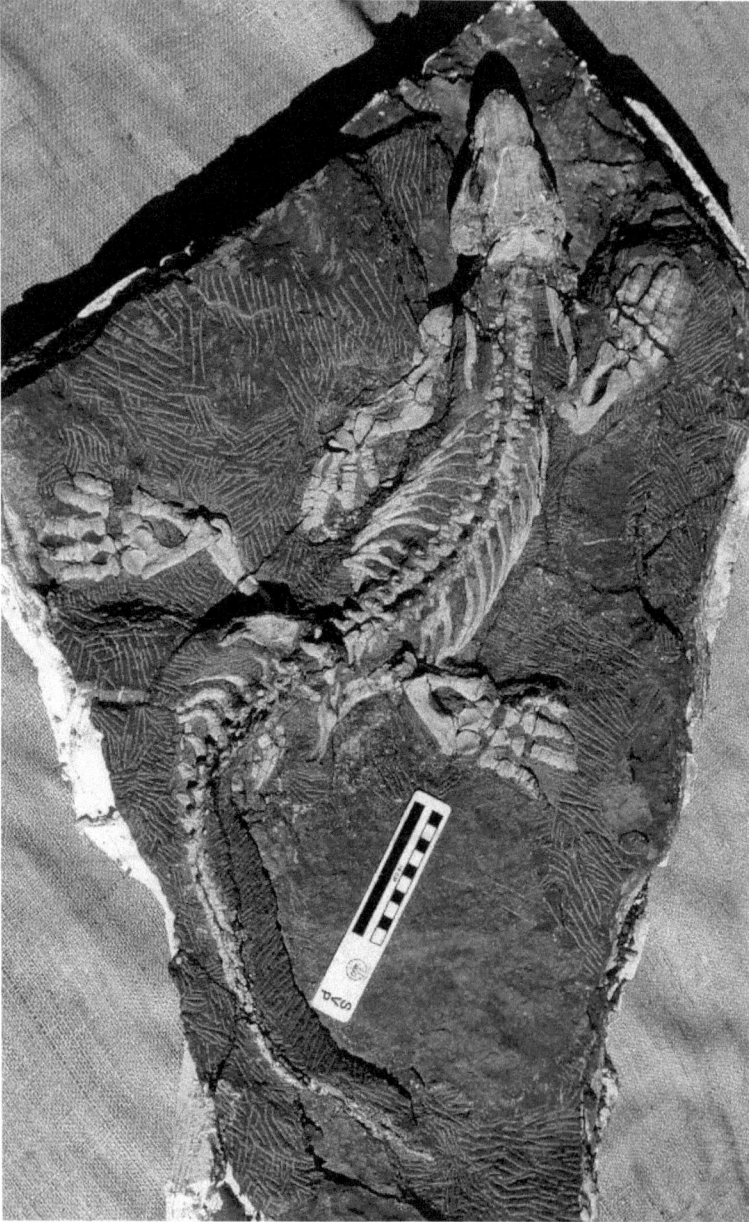

Fig. 30. *Orobates pabsti* Berman et al., 2004a, holotype, MNG-10181, scale = 10 cm

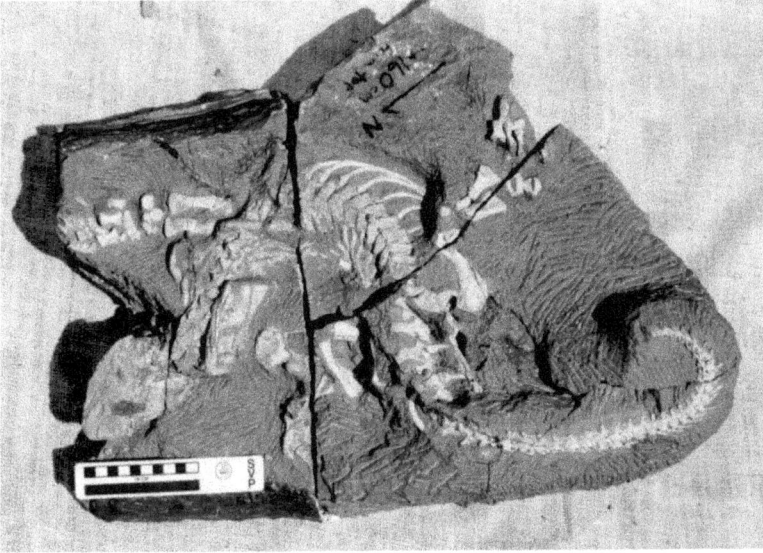

Fig. 31. *Orobates pabsti* Berman et al., 2004a, paratype, MNG-8980, scale = 10 cm

Fig. 32. *Orobates pabsti* Berman et al., 2004a, skull of MNG-8980 (fig. 31)

Fig. 33. *Orobates pabsti* Berman et al., 2004a, skull of MNG-8760 about 13 cm long

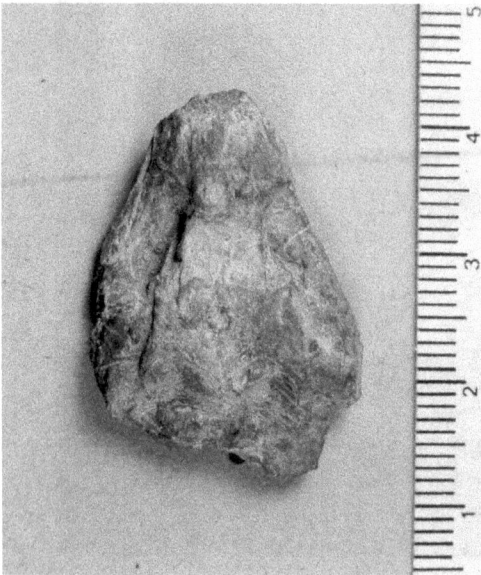

Fig. 34. *Thuringothyris mahlendorffae* Boy & Martens, 1991, skull of holotype, MNG-7729

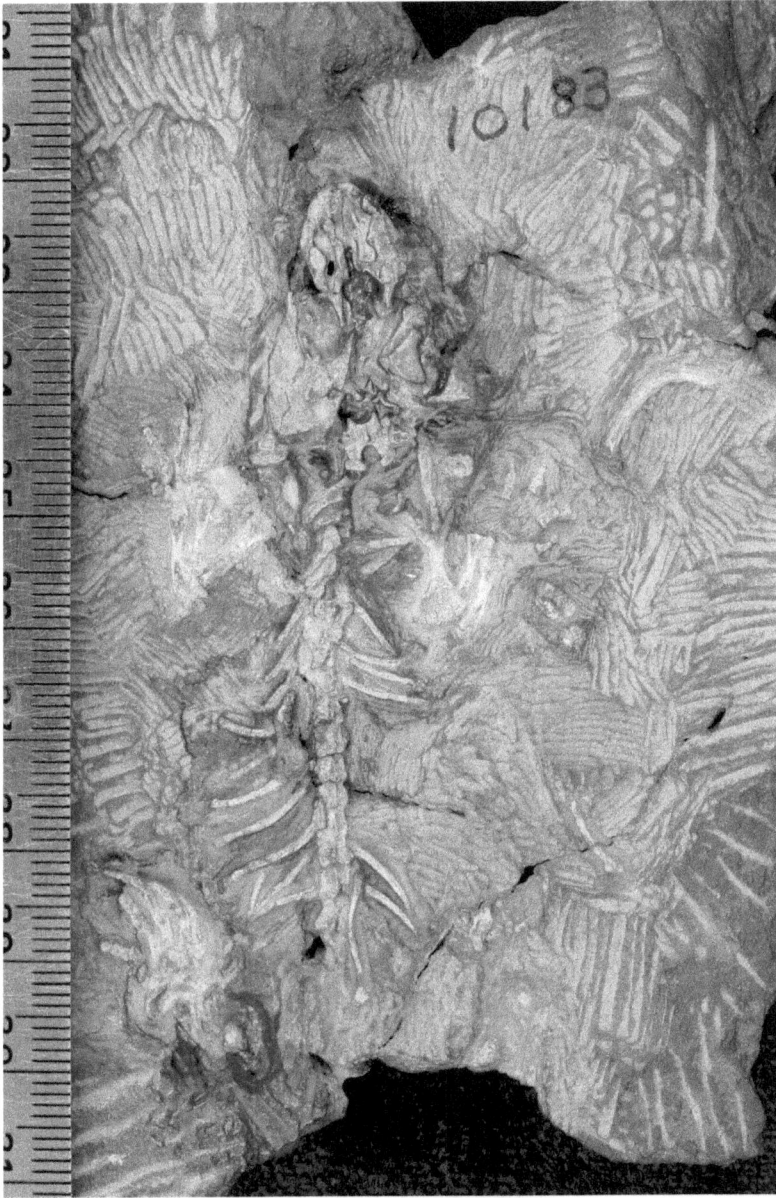

Fig. 35. *Thuringothyris mahlendorffae* Boy & Martens, 1991, MNG-10183

Fig. 36. *Eudibamus cursoris* Berman et al., 2000b, cast of holotype, MNG-8852, scale = 2 cm

Fig. 37. *Eudibamus cursoris* Berman et al., 2000b, part of holotype (hind limbs), MNG-8852, scale = 5 cm

Fig. 38. *Dimetrodon teutonis* Berman et al., 2001, part of holotype, MNG-10598, scale = 1 €

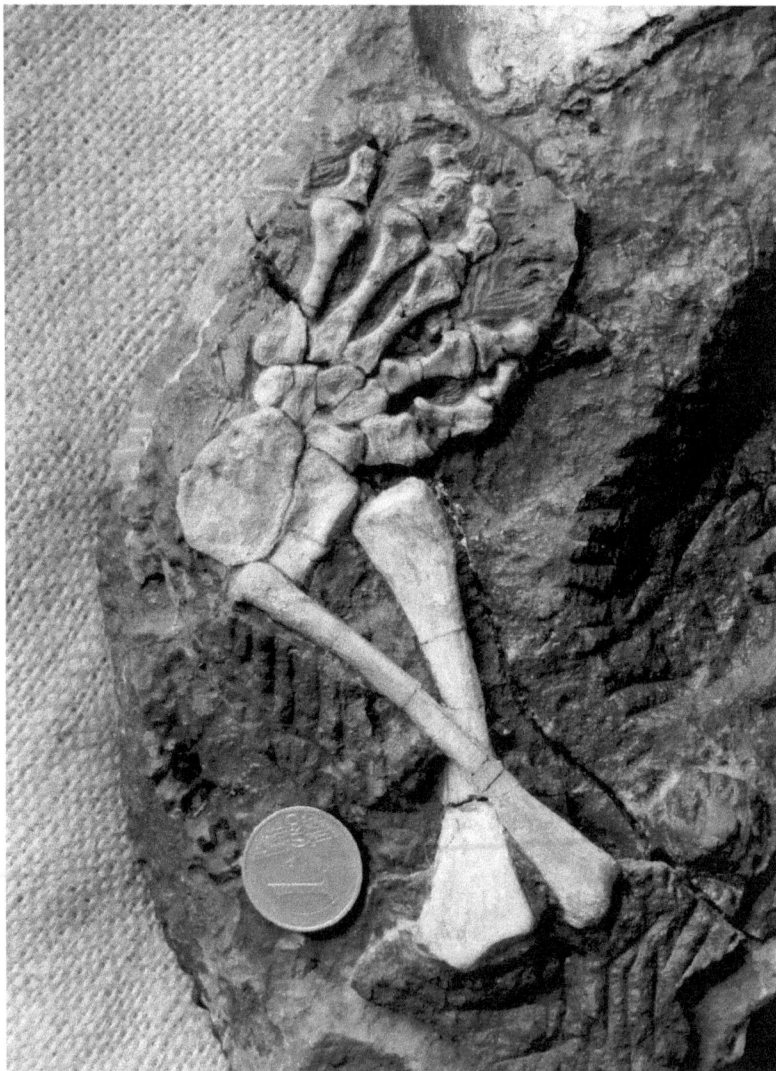

Fig. 39. *Dimetrodon teutonis* Berman et al., 2001, partial right hind limb, MNG-10654, scale = 1 €

Fig. 40. Skeleton without skull of a caseid, undescribed new species, MNG-14230, scale = 10 cm

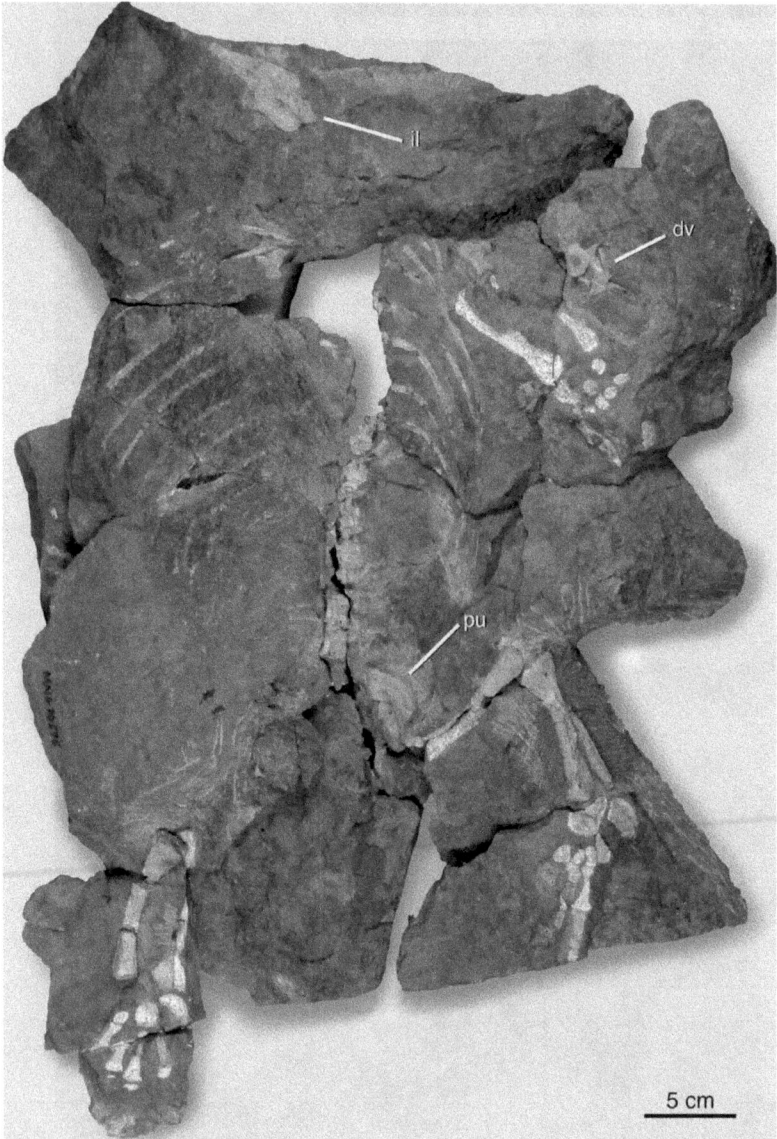

Fig. 41. *Tambacarnifex unguifalcatus* Berman et al., 2014, holotype, MNG-10695, scale = 5 cm

12 Literature cited (zitierte Literatur)

ANDERSON, J. S., HENRICI, A. C., SUMIDA, S. S., MARTENS, T. & BERMAN, D. S (2008): *Georgenthalia clavinasica*, a new genus and species of dissorophoid Temnospondyl from the Early Permian of Germany, and the relationships of the family Amphibamidae. – J. Vertebrate Paleontology **28** (1): 61-75.

BERMAN, D. S, HENRICI, A. C., KISSEL, D. S, SUMIDA, S. S. & MARTENS, T. (2004a): A new Diadectid (Diadectomorpha), Orobates pabsti, from the Early Permian of Central Germany. – Ann. Carnegie Mus. Nat. Hist., **35** (1): 36, Pittsburgh.

BERMAN, D. S, HENRICI, A. C., SUMIDA, S. S. & MARTENS, T. (2000a): Redescription of *Seymouria sanjuanensis* (Seymouriamorpha) from the Lower Permian of Germany based on complete, mature specimens with a discussion of Paleoecology of the Bromacker locality Assemblage. – J. Vertebrate Paleotology **20** (2): 253-268.

BERMAN, D. S, HENRICI, A. C., SUMIDA, S. S. & MARTENS, T. (2004b): New materials of *Dimetrodon teutonis* (Synapsida: Sphenacodontidae) from the Lower Permian of Germany. – Ann. Carnegie Mus., **73** (2): 48-73, Pittsburgh.

BERMAN, D.S,MADDIN, H.C.,SUMIDA, S. S., HENRICI, A. C. , REISZ, R. R. & SCOTT, D. (in prep.): New, primitive caseid (Synapsida, caseasauria) from the Lower Permian of Germany. (in preparation).

BERMAN, D. S & MARTENS, T. (1993): First occurence of *Seymouria* (Amphibia, Batrachosauria) in the Lower Permian Rotliegend of Central Germany. – Ann. Carnegie Mus. Nat. Hist., **62** (1): Pittsburgh.

BERMAN, D. S.; SUMIDA, S. S. & MARTENS, T. (1998): *Diadectes* (Diadectomorpha: Diadectidae) from the early Permian of central Germany, with description of a new species. - Ann. Carnegie Mus. Nat. Hist., **67** (1): 53-93, Pittsburgh.

BERMAN, D. S, REISZ, R. R., MARTENS, T. & HENRICI A. C. (2001): A new species of *Dimetrodon* (synapsida: Sphenacodontidae) from the Lower Permian of Germany records first occurrence of genus outside of North America. - Can. J. Earth Sci. **38**: 803-812.

BERMAN, D. S, REISZ, R. R., SCOTT, D, HENRICI, A. C., SUMIDA, S. S. & MARTENS, T. (2000b): Early Permian biopedal reptil. – Science, Vol. **290**: 969-972, 3. Nov. 2000.

BERMAN, D. S, HENRICI, A. C., SUMIDA, S. S. MARTENS, T. & Pelletier, V. (2014): First european record of a varanodontine (Synapsida: Varanopsidae): Member of a unique, Early Permian upland paleoecosystem, Tambach basin, central Germany.- in: Early evolutionary history of the Synapsida, ed. by KRAMMERER, C. F., ANGIELCZYK, K. D. & FRÖBISCH, J.: 69-86, Springer.

BERMAN, D. S, HENRICI, A. C., MARTENS, T. SUMIDA, S. S. (2011): *Rotaryus gothae*, a new trematopid (Temnospondyli: Dissorophoidae) from the Lower Permian of central Germany – Ann. Carnegie Mus. Nat. Hist, **80** (1):49-65.

BOY, J. A. & MARTENS, T. (1991): Ein neues captorhinomorphes Reptil aus dem thüringischen Rotliegend (Unter-Perm; Ost-Deutschland). - Paläont. Z. **65** (3,4): 363-389, Stuttgart.

EBERTH, D. A., BERMAN, D. S, SUMIDA, S. S. & HOPF, H. (2000): Lower Permian terrestrial paleoenvironments and vertebrate paleoecology of the Tambach Basin (Thuringia, Central Germany): The upland holy grail. - Palaios, v. **15**: 293-313.

HAUBOLD, H. (1971): Die Tetrapodenfährten aus dem Permosiles (Stefan und Rotliegendes) des Thüringer Waldes. - Abh. Ber. Mus. Nat. **6**: 15-41, Gotha.

HAUBOLD, H. (1972): Panzerabdrücke von Tetrapoden aus dem Rotliegenden (Unterperm) des Thüringer Waldes. - Geologie, **21** (1): 10-115, Berlin.

46

HAUBOLD, H. (1973a): Lebewelt und Ökologie des Tambacher Sandsteins (Unteres Perm, Saxon) im Rotliegenden des Thüringer Waldes. - Z. geol. Wiss., **3**: 247-268, Berlin.

HAUBOLD, H. (1973b): Die Tetrapodenfährten aus dem Perm Europas. - Freiberger Forsch.-H. C **285**: 5-55, Leipzig.

HAUBOLD, H. (1998): The Early Permian tetrapod ichnofauna of Tambach, the changing conctpts in ichnotaxonomy. – Hallesches Jahrb. Geowiss., **B 20**: 1-16, Halle.

HENRICI, A. C., MARTENS, T, BERMAN, D. S & SUMIDA, S. S. (2011): An ostodolepid "microsaur" (Lepospondyli) from the Lower Permian Tambach Formation of central Germany.- J. Vertebrate Paleontology **31** (5): 997-1004.

KLEMBARA, J., MARTENS, T. & BARTIK, I. (2001): The postcranial remains of a juvenile Seymouriamorph tetrapod from the Lower Permian Rotliegend of the Tambach Formation of Central Germany. - J. Vertebrate Paleontology, **21**(3): 521-527.

KLEMBARA, J., BERMAN, D. S, HENRICI, A. C. & ČERŇANSKÝ, A. (2005): New structures and reconstructions of the skull of the seymouriamorph Seymouria sanjuanensis Vaughn. – Ann. Carnegie Mus. Nat. Hist., **74** (4): 217-224, Pittsburgh.

KLEMBARA, J., BERMAN, D. S, HENRICI, A. C., ČERŇANSKÝ, A., WERNEBURG, R. & MARTENS, T. (2007): First description of skull of Lower Permian *Seymouria sanjuanensis* (Seymouriamorpha: Seymouriidae) at an early juvenile growth stage. – Ann. Carnegie Mus. Nat.Hist., **76** (1): 53-72, Pittsburgh.

MARTENS, T. (1975): Zur Taxonomie, Ökologie und Biostratigraphie des Oberrotliegenden (Saxon) der Tambacher Mulde in Thüringen. - Freiberger Forsch.- H. C **309**: 115-133, Leipzig.

MARTENS, T. (1980): Zur Fauna des Oberrotliegenden (Unteres Perm) im Thüringer Wald. - Abh. Ber. Mus. Nat. Gotha, **10**: 19-20, Gotha.

MARTENS T. (1982): Zur Stratigraphie, Taxonomie, Ökologie und Klimaentwicklung des Oberrotliegenden (Unteres Perm) im Thüringer Wald (DDR). - Abh. Ber. Mus. Nat. Gotha, **11**: 33-57, Gotha.

MARTENS, T. (1983): Zur Taxonomie, Biostratigraphie und Ökologie der Conchostraca (Phyllopoda, Crustacea) des Jungpaläozoikums der DDR, Teil I. - Freiberger Forsch.-H. C **382**: 7-105, Leipzig.

MARTENS, T. (1988): Die Bedeutung der Rotsedimente für die Analyse der Lebewelt des Rotliegenden. - Z. geol. Wiss., **16** (9): 933-938, Berlin.

MARTENS, T. (1989): First evidence of terrestrial tetrapods with North-American faunal elements in the red beds of Upper Rotliegendes (Lower Permian, Tambach Beds) of the Thuringian Forest (G.D.R.) - First results. - Acta Musei Reginaehradecensis S. A.: Scientiae naturales **XXII**: 99-104.

MARTENS, T. (1990): First occurance of a trematopsid amphibian in the Rotliegend of Central Europe and general position of the locality "Bromacker" in the Euramerican Permocarboniferous. - Symposium, New Results on Permocarboniferous Fauna, Summary of the Contributions: 22-23, Bad Dürkheim.

Martens, T. (2007): Die Bedeutung der Sedimentmarken für die Analyse der Klimaelemente im kontinentalen Unterperm. – Z. geol. Wiss., **35** (3):177-211, Berlin.

MARTENS, T. (2012): Biostratigraphie der Conchostraca (Branchiopoda, Crustacea) des Rotliegend – In: Deutsche Stratigraphische Kommission: Stratigrapie von Deutschland X. Rotliegend. Teil I: Innercariscische Becken. – Schriftenreihe der Deutschen Gesellschaft für Geowissenschaften, H. G1: 98-109, Hannover.

MARTENS, T., SCHNEIDER, J. & WALTER, H. (1980): Zur Paläontologie und Genese der fossilführenden Rotsedimente - Tambacher Sandstein, Oberrotliegend, Thüringer Wald (DDR). - Freiberger Forsch. - H. C **363**: 75 - 100, Leipzig.

MARTENS, T., HAHNE, K. & NAUMANN, R. (2009): Lithostratigraphie, Taphofazies und Geochemie des Tambach-Sandsteins im Typusgebiet der Tambach-Formation (Thüringer Wald, Oberrotliegend, Unteres Perm) - Z. geol. Wiss., **37** (1-2): 81-119, Berlin.

MÜLLER, A. H. (1954): Zur Ichnologie und Stratonomie des Oberrotliegenden von Tambach (Thüringen). - Paläont. Z., **28** (1/4): 189-204, Stuttgart.

MÜLLER, A. H. (1955): Eine kombinierte Lauf-und Schwimmfährte von *Korynichnium* aus dem Oberrotliegenden von Tambach (Thüringen). - Geologie, **4**: 490-496, Berlin.

MÜLLER, J., BERMAN, D. S, HENRICI, A. C., MARTENS, T. & SUMIDA, S. S. (2006): The basal reptile *Thuringothyris mahlendorffae* (Amniota: Eureptilia) from the Lower Permian of Germany. – J. Vertebrate Paleontology, **80** (4): 726-739.

PABST, W. (1895): Tierfährten aus dem Rotliegenden von Friedrichroda, Tambach und Kabarz in Thüringen. - Z. deutsch. geol. Ges., **47**: 570-576, Berlin.

PABST, W. (1908): Die Tierfährten aus dem Rotliegenden "Deutschlands". - Nova Acta, Abh. kaiserl. Leop.-Carol. dt. Akad. Naturforsch., **89** (2): 315-480, Halle.

Voigt, S. (2002): Zur Geschichte der Tetrapodenfährtenfunde in den Sandsteinbrüchen bei Tambach-Dietharz (1887-1908). – Abh. Ber. Mus. Nat. Gotha, **22**: 47-58

Voigt, S., Berman D. S & Henrici, A. C. (2007): First well-established track-trackmaker association of Paleozoic tetrapods based on *Ichniotherium* trackways and diadectid skeletons from the Lower Permian of Germany - J. Vertebrate Paleontology. **27**(3): 553–570.

SCHMIDT, H. (1959): Die Cornberger Fährten im Rahmen der Vierfüßlerentwicklung. - Abh. Hess. L.-A. f. Bodenforsch., **28**: 137 S., 9 Taf., Wiesbaden.

SUMIDA, S. S.; BERMAN, D. S & MARTENS, T. (1996): Biostratigraphic correlations between the Lower Permian of North America and central Europe using the first record of an assemblage of terrestrial tetrapods from Germany. - PaleoBios, **17**: 1-12.

SUMIDA, S. S., BERMAN, D. S. & MARTENS, T. (1998): A new Trematopid Amphibian from the Lower Permian of central Germany. - Palaeontology, **41** (4): 605-629.

ZIMMERMANN, E. (1914): Geologische Karte, Nr. 5129, 1:25000: Blatt Walterhausen-Friedrichroda, Preuß. Geol. L.-Anst., Berlin.

Addresses (Adressen):

Thomas Martens: Pfarrgasse 53, 99869 Drei Gleichen, OT Großrettbach, Germany (www.ursaurier.de); David S Berman: Curator em. Section of Vertebrate Paleontology, Carnegie Museum of Natural History, Pittsburgh, PA, USA; Amy C. Henrici: Collection Manager, Section of Vertebrate Paleontology, Carnegie Museum of Natural History, Pittsburgh, PA, USA; Stuart S. Sumida: Department of Biology, California State University, 5500 University Parkway, San Bernardino, California 92407

Photo credits (Fotonachweis):

Berman, D. S: Fig. 3, 10, 20, 22, 23, 24, 25, 26, 27, 28, 29, 30, 31, 32, 33, 34, 35, 36, 37, 38, 39, 40; Klinger, M.: Fig. 41; Martens, M.: Fig. 4; Martens, S.: Fig. 6, 12; Martens, T.: Fig. 7, 8, 9, 13, 14, 15; Mildner, P.: Fig. 11; Sumida, St.: Fig. 21
Titelfoto: *Orobates pabsti*, Bromacker, Tambach Formation, Lower Permian, Thuringian Forest, MNG-10181, scale = 10 cm, photo Berman, D. S
Rückseite: Bromacker, excavation site in summer 1998, photo Martens, S.

www.ingramcontent.com/pod-product-compliance
Lightning Source LLC
Chambersburg PA
CBHW070411200326
41518CB00011B/2150